essentials

Essentials liefern aktuelles Wissen in konzentrierter Form. Die Essenz dessen, worauf es als „State-of-the-Art" in der gegenwärtigen Fachdiskussion oder in der Praxis ankommt. Essentials informieren schnell, unkompliziert und verständlich.

- als Einführung in ein aktuelles Thema aus Ihrem Fachgebiet
- als Einstieg in ein für Sie noch unbekanntes Themenfeld
- als Einblick, um zum Thema mitreden zu können.

Die Bücher in elektronischer und gedruckter Form bringen das Expertenwissen von Springer-Fachautoren kompakt zur Darstellung. Sie sind besonders für die Nutzung als eBook auf Tablet-PCs, eBook-Readern und Smartphones geeignet.

Essentials: Wissensbausteine aus Wirtschaft und Gesellschaft, Medizin, Psychologie und Gesundheitsberufen, Technik und Naturwissenschaften. Von renommierten Autoren der Verlagsmarken Springer Gabler, Springer VS, Springer Medizin, Springer Spektrum, Springer Vieweg und Springer Psychologie.

Bernd Schröder

Einheiten und Symbole für Ingenieure

Ein Überblick

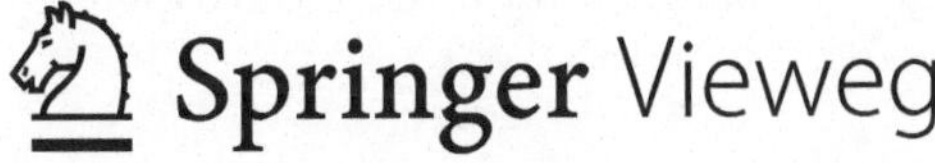

Dr.-Ing. Bernd Schröder
Aalen, Deutschland

ISSN 2197-6708 ISSN 2197-6716 (electronic)
ISBN 978-3-658-05625-4 ISBN 978-3-658-05626-1 (eBook)
DOI 10.1007/978-3-658-05626-1

Die Deutsche Nationalbibliothek verzeichnet diese Publikation in der Deutschen Nationalbibliografie; detaillierte bibliografische Daten sind im Internet über http://dnb.d-nb.de abrufbar.

Springer Vieweg

Gedruckt auf säurefreiem und chlorfrei gebleichtem Papier

Springer Vieweg ist eine Marke von Springer DE. Springer DE ist Teil der Fachverlagsgruppe Springer Science+Business Media
www.springer-vieweg.de

Was Sie in diesem Essential finden können

- Symbole gemäß SI, deren Benennungen und Einheiten
- Symbole außerhalb SI, deren Benennungen und Einheiten
- Römische Zahlen
- Griechische Buchstaben

Vorwort

Dieses Werk basiert auf dem Band „Springer Ingenieurtabellen“ von Ekbert Hering und Bernd Schröder, 2004, welches sich mit seinen Praxis-Tabellen als Ergänzung zu „Hütte Das Ingenieurwissen“ bewährt hat. Das Buch wendet sich an Studierende und Ingenieure.

Technik und Naturwissenschaft sind in ihrer Anwendung ohne Einheiten kaum vorstellbar. Über die Zeit wurden für die Einheiten bestimmte Symbole üblich und deren Dimensionen dann z. B. im „Système International“ (SI) vereinbart.

Basierend auf SI werden im vorliegenden Band die Einheiten und Symbole vorgestellt und benannt. Ergänzend sind auch Einheiten, die nicht zu SI gehören aufgeführt, die nicht mehr verwendet werden sollten, aber zumal in der älteren Literatur noch aufzufinden sind. Dies trifft zum Teil auch auf Einheiten aus der englischsprachigen Literatur zu (UK, US), die daher auch aufgelistet werden.

Zusätzlich werden römische Zahlen und deren Bildung sowie griechische Buchstaben aufgeführt.

Inhaltsverzeichnis

1 Einleitung

Grundlage für die Festlegung von Einheiten bildete zunächst der Wunsch nach Bestimmung von Maßen, welche durch Messungen ermittelt werden konnten. Ausgangspunkt waren hier sicherlich Besitz und Handel, so dass bereits im alten Babylon systematische Ausarbeitungen zu den Maßen vorlagen. Die Ahnen verwendeten zunächst naheliegender Weise natürliche Abmessungen: Schritt, Klafter, Arm, Elle, Fuß, Hand, Daumen, Spanne. Mit zunehmend weitläufigerem Handel wurden diese lokal gültigen Einheiten immer ungeeigneter.

Im Jahre 1664 schlug Huyghens vor, die Länge desjenigen Pendels als Maß festzulegen, welches genau eine Sekunde Taktzeit hat. Mouton forderte 1670, die Länge einer Bogenminute auf dem Meridian als Einheit festzulegen. 1799 wurde dem Staatsarchiv zu Paris eine Längeneinheit übergeben, repräsentiert durch einen Metallstab (90 % Platin, 10 % Iridium), der bei der Temperatur des schmelzenden Eises den zehn millionsten Teil des Viertels eines Meridiankreises darstellt, genannt ein Meter. Der hierfür zuständigen Kommission hatten unter anderem Lagrange und Laplace angehört. Zugleich wurde Wasser von 4 °C im Volumen von 1 cdm als Masseneinheit 1 kg definiert.

Heute wird Meter über die Lichtgeschwindigkeit definiert, die Sekunde über eine Anzahl von Strahlungsschwingungen.

In den nachfolgenden Abschnitten werden die heute vom „Système International (SI)“ definierten Basisgrößen und Grundeinheiten und deren Symbole aufgeführt, mit den ergänzenden Größen und Einheiten. Danach folgen abgeleitete SI-Einheiten mit eigener Bezeichnung. Als nützlich erweist es sich, abgeleitete Größen und Einheiten nach Fachgebieten zu sortieren. So entstanden Tabellen zu den Themen:

- Raum, Zeit und periodische Erscheinungen
- Allgemeine Mechanik
- Mechanik der festen Stoffe

B. Schröder, *Einheiten und Symbole für Ingenieure,* essentials,
DOI 10.1007/978-3-658-05626-1_1, © Springer Fachmedien Wiesbaden 2014

- Mechanik der Gase und Flüssigkeiten (Strömungslehre)
- Elektrizität und Magnetismus
- Wärme und Thermodynamik
- Chemischer Stoff und Materie
- Elektromagnetische Strahlung und Licht
- Akustik
- Atomare und molekulare Werte.

Gelegentlich trifft man, zumal bei älterer Literatur, auf Einheiten, welche dem SI nicht angehören, aber in SI-Einheiten umgerechnet werden können. Dies ist in einer Tabelle ausgeführt. Weiterhin trifft man noch häufiger auf Einheiten aus dem englischen (UK) und amerikanischen (US) Sprachraum. Auch deren Umrechnung ist in einer Tabelle abzulesen, genauso veraltete Einheiten der Viskosität.

Sollen fremde Einheiten nach SI umgewandelt werden, so kann man hierfür Ableitungsfaktoren ermitteln. Dies wird im Kap. 2.6 an zwei Beispielen gezeigt. Hierzu ist es nützlich, die SI-konforme Bezeichnung der dezimalen Vielfachen im Kap. 2.7 zu kennen.

Das neu hinzugenommene Kap. 2.8 bietet eine alphabetische Auflistung der SI-Symbole und deren Benennungen.

Das Werk endet mit der Bildung römischer Zahlen und mit einer Auflistung des griechischen Alphabets.

Übersicht der Einheiten 2

2.1 Basisgrößen und Grundeinheiten (SI)[1]

Länge (Symbol *l*)
Ein **Meter** (m) ist die Länge der Strecke, die Licht im Vakuum während der Dauer von 1/299792458 Sekunden durchläuft.

Masse (Symbol *m*)
Ein **Kilogramm** (kg) ist die Masse des internationalen Kilogrammprototyps.

Zeit (Symbol *t*)
Eine **Sekunde** (s) ist die Zeitdauer von 9 192 631 770 Perioden der Strahlung, die bei dem Übergang zwischen den beiden Hyperfeinniveaus des Grundzustands des Nuklids Cäsium 133 entsteht.

Elektrische Stromstärke (Symbol *I*)
Ein **Ampere** (A) ist die Stärke eines zeitlich unveränderlichen Stroms, der durch zwei im Vakuum parallel im Abstand von einem Meter voneinander angeordnete, geradlinige, unendlich lange Leiter von vernachlässigbar kleinem kreisförmigem Querschnitt fließend, zwischen diesen Leitern je Meter Leiterlänge die Kraft $2 \cdot 10^{-7}$ Newton bewirkt.

Temperatur (Symbol *T*)
Ein **Kelvin** (K) ist der 273,16 te Teil der thermodynamischen Temperatur des Tripelpunktes des Wassers.

[1] SI: Système International.

B. Schröder, *Einheiten und Symbole für Ingenieure*, essentials,
DOI 10.1007/978-3-658-05626-1_2, © Springer Fachmedien Wiesbaden 2014

Stoffmenge (Symbol n)
Ein **Mol** (mol) ist die Stoffmenge eines Systems, das aus ebensoviel Elementarteilen besteht, wie Atome in 0,012 kg des Kohlenstoffs 12 enthalten sind.

Bemerkung. Bei Benutzung der Basiseinheit Mol müssen die elementaren Elemente spezifiziert werden; dies können Atome, Moleküle, Ionen, Elektronen, andere Teilchen oder bestimmte Verbindungen derartiger Teilchen sein.

In der Praxis (*technische Notation*) wird die Benutzung des **Kilomol** (kmol) empfohlen, u. a. durch die ISO (*International Organization for Standardization*). In diesem Fall vermeidet man den Faktor 1000 der auftritt wenn das mol in Kombination mit anderen Größen angewandt wird.

z. B.: $M = 10^{-3}\ M_r$ kg/mol, bzw. $M = M_r$ kg/kmol. Wenn von mol ausgegangen würde, dann wären die pH-Werte um 3 kleiner, als tatsächlich üblich ist.

Lichtstärke (Symbol I)
Ein **Candela** (cd) ist die Lichtstärke in einer bestimmten Richtung einer Strahlungsquelle, die monochromatische Strahlung der Frequenz $540 \cdot 10^{12}$ Hz aussendet und deren Strahlstärke in dieser Richtung 1/683 Watt/Steradiant beträgt.

2.2 Zusätzliche Größen und Einheiten

Ebene Winkel (Symbol α, β,...)
Der **Radiant** (rad) ist der ebene Winkel zwischen zwei Radien eines Kreises, die vom Umfang einen Bogen abschneiden, welcher die Länge eines Radius besitzt.

2π rad entspricht 360°.

Raumwinkel (Symbol Ω, ω)
Der **Steradiant** (sr) ist der räumliche Winkel der, wenn seine Spitze mit dem Mittelpunkt einer Kugel zusammenfällt, aus dieser Kugel eine Oberfläche ausschneidet, deren Größe gleich einem Quadrat ist, dessen Seite gleich dem Kugelradius ist.

Der komplette *dreidimensionale Raum* umfasst 4π sr.

2.3 Abgeleitete SI-Einheiten (Tab. 2.1)

Tab. 2.1 Übersicht über abgeleitete SI-Einheiten

Einheit			Größe
Bezeichnung	Symbol	Ableitung	
Becquerel	Bq	s^{-1}	(Strahlungs)aktivität
Coulomb	C	$A \cdot s$	Elektrische Ladung
Farad	F	$A^2 \cdot s^4/(kg \cdot m^2)$	Elektrische Kapazität
Gray	Gy	m^2/s^2	Absorbierte Dosis
Henry	H	$kg \cdot m^2/(A^2 \cdot s^2)$	Elektrische Induktivität
Hertz	Hz	s^{-1}	Frequenz
Joule	J	$kg \cdot m^2/s^2$	Arbeit, Energie, Wärmemenge
Lumen	Lm	$cd \cdot sr$	Lichtstrom
Lux	lx	$cd \cdot sr/m^2$	Beleuchtungsstärke
Newton	N	$kg \cdot m/s^2$	Kraft
Ohm	Ω	$kg \cdot m^2/(A^2 \cdot s^3)$	Elektrischer Widerstand
Pascal	Pa	$kg/(m \cdot s^2)$	Druck, Spannung
Siemens	S	$A^2 \cdot s^3/(kg \cdot m^2)$	Elektrische Leitfähigkeit
Sievert	Sv	m^2/s^2	Äquivalente Dosis
Tesla	T	$kg/(A \cdot s^2)$	Magnetische Induktion
Volt	V	$kg \cdot m^2/(A \cdot s^3)$	Elektrische Spannung, Potenzial
Watt	W	$kg \cdot m^2/s^3$	Leistung, Energiestrom
Weber	Wb	$kg \cdot m^2/(A \cdot s^2)$	Magnetischer Fluss
Bel	B	$\log(P_2/P_1)$	Brigg'scher Logarithmus eines Verhältnisses
Neper	Np	$\ln(A_2/A_1)$	Natürlicher Logarithmus eines Verhältnisses

2.4 Abgeleitete Größen und Einheiten

Die gegebene Einheit ist die meist gültige für die betreffende Größe. Die Größe dieser Einheit wird in Grundeinheiten ausgedrückt (siehe Tab. 2.1, 2.2, 2.3, 2.4, 2.5, 2.6, 2.7, 2.8, 2.9, 2.10, und 2.11. Eine alphabetische Liste der SI-Symbole findet sich in Tab. 2.18).

Tab. 2.2 Raum, Zeit und periodische Erscheinungen

Größe	Symbol	Einheit	Ableitung
Beschleunigung	a	m/s^2	
Beschleunigung im freien Fall	g	m/s^2	
Breite	B	m	
Dämpfung	δ	s^{-1}	
Dicke	d, δ	m	
Drehzahl	N	s^{-1}	
Durchmesser	D, d	m	
Ebener Winkel	$\alpha, \beta, \gamma, \varphi$	rad	
Fortpflanzungskoeffizient	γ	m^{-1}	
Frequenz	f, ν	Hz	s^{-1}
Geschwindigkeit	u, v, w, c	m/s	
Höhe	h	m	
Inhalt	V	m^3	
Kreisfrequenz	ω	rad/s	
Kreisfrequenz	ω	s^{-1}	
Kreiswiederholung	K	m^{-1}	
Länge	L	m	
Oberfläche	A	m^2	
Periode	T	s	
Phase	φ	rad	
Phasenkoeffizient	β	m^{-1}	
Radius	R, r	m	
Raumwinkel	Ω, ω	sr	
Schwächungskoeffizient	α	m^{-1}	
Verdichtung	κ	Pa^{-1}	$M \cdot s^2/kg$
Volumen	V	m^3	
Volumenstrom	$q_v, \dot{V}$	m^3/s	
Volumenstromdichte	v	m/s	
Weglänge	s	m	
Wellenlänge	λ	m	
Wellenzahl	σ	m^{-1}	
Winkelbeschleunigung	α	rad/s^2	
Winkelgeschwindigkeit	ω	rad/s	
Zeit	t	s	
Zeitkonstante	τ	s	

Tab. 2.3 Allgemeine Mechanik

Größe	Symbol	Einheit	Ableitung
Arbeit	W	J	$kg \cdot m^2/s^2$
Dichte	ρ	kg/m^3	
Drehimpuls	D	$N \cdot m \cdot s$	$kg \cdot m^2/s$
Druck	P	Pa	$N/m^2 = kg/(m \cdot s^2)$
Energie	W, U	J	$N \cdot m = kg \cdot m^2/s^2$
Energiedichte	W	J/m^3	$kg/(m \cdot s^2)$
Energiestrom = Leistung	P $\dot{m}$	W	$kg \cdot m^2/s^3$
Flächenmasse	ρ_A	kg/m^2	
Gewicht	G	N	$kg \cdot m/s^2$
Gravitationsfeldstärke	γ	N/kg	m/s^2
Impuls (Stoß)	I	$N \cdot s$	$kg \cdot m/s$
Impulsmoment	L	$kg \cdot m^2/s$	
Kinetische Energie	W_k	J	$kg \cdot m^2/s^2$
Kraft	F	N	$kg \cdot m/s^2$
Leistung, mechanisch	P	W	$N \cdot m/s = kg \cdot m^2/s^3$
Linienmasse	ρ_l	kg/m	
Masse	M	kg	
Massestrom	$q_{m,}$	kg/s	
Massestromdichte	ϕ	$kg/(m^2 \cdot s)$	
Moment einer Kraft	M	$N \cdot m$	$kg \cdot m^2/s^2$
Normalspannung	σ	Pa	$kg/(m \cdot s^2)$
Potentielle Energie	W_p	J	$kg \cdot m^2/s^2$
Reibungskoeffizient	μ	–	
Relative Dichte	d, ρ_v	–	
Schubspannung	τ	N/m^2	$kg/(m \cdot s^2)$
Schwerefeldstärke	g	N/kg	m/s^2
Spezifische Masse	ρ	kg/m^3	
Spezifisches Volumen	v	m^3/kg	
Stoß (Impuls)	I	$N \cdot s$	$kg \cdot m/s$
Trägheitsmoment	J, I	$kg \cdot m^2$	
Trägheitsradius	i	m	
Volumenmasse (Dichte)	ρ	kg/m^3	

Tab. 2.4 Mechanik der festen Stoffe

Größe	Symbol	Einheit	Ableitung
Druck	p	Pa	$N/m^2 = kg/(m \cdot s^2)$
Elastizitätsmodul	E	Pa	$kg/(m \cdot s^2)$
Kerbschlagarbeit	K	J	$kg \cdot m^2/s^2$
Kompressibilität	κ	Pa^{-1}	$m \cdot s^2/kg$
Kompressionsmodul	K	Pa	$kg/(m \cdot s^2)$
Lineares Flächenmoment	S	m^3	
Nachgiebigkeit	h	m/N	s^2/kg
Poisson-Verhältnis	μ	–	
Quadratisches Flächenmoment	I	m^4	
Reckgrenze	R	Pa	$N/m^2 = kg/(m \cdot s^2)$
Relative Dehnung	ε	–	
Relative Volumenänderung	θ	–	
Schubmodul	G	Pa	$kg/(m \cdot s^2)$
Schubwinkel	γ	–	
Steifigkeit	c	N/m	kg/s^2
Widerstandsmoment	W	m^3	
Winkelverschiebung	γ	–	
Zugspannung	σ	N/m^2	$kg/(m \cdot s^2)$

Tab. 2.5 Mechanik der Gase und Flüssigkeiten (Strömungslehre)

Größe	Symbol	Einheit	Ableitung
Fluidität	φ	$Pa^{-1}\,s^{-1}$	$m \cdot s/kg$
Impulsmomentstrom	$\dot{L}$	$N \cdot m$	$kg \cdot m^2/s^2$
Impulsstrom	$\dot{p}$	N	$kg \cdot m/s^2$
Kompressibilitätsfaktor	z	–	
Oberflächenspannung	σ, γ	N/m	kg/s^2
Potentialfunktion	Φ	m^2/s	
Viskosität (dynamisch)	η	$Pa \cdot s$	$kg/(m \cdot s)$
Viskosität (kinematisch)	ν	m^2/s	
Widerstandsfaktor für Rohre	λ	–	
Widerstandskoeffizient	ζ	–	
Wirbelstärke (Zirkulation)	Γ	m^2/s	
Zirkulation (Wirbelstärke)	Γ	m^2/s	

Tab. 2.6 Elektrizität und Magnetismus

Größe	Symbol	Einheit	Ableitung
Blindleistung	P_q	W	$kg \cdot m^2/s^3$
Dielektrische Konstante	ε	F/m	$A^2 \cdot s^4/(kg \cdot m^3)$
Elektrisch			
Dipolmoment	p	$C \cdot m$	$A \cdot m \cdot s$
Energie	W	J	$kg \cdot m^2/s^2$
Feldstärke	E	V/m	$kg \cdot m/(A \cdot s^3)$
Fluss	Ψ	C	$A \cdot s$
Flussdichte	D	C/m^2	$A \cdot s/m^2$
Ladung	Q	C	$A \cdot s$
Leistung	P	W	$kg \cdot m^2/s^3$
Polarisation	P	C/m^2	$A \cdot s/m^2$
Potential	V	V	$kg \cdot m^2/(A \cdot s^3)$
Potentialdifferenz	V	V	$kg \cdot m^2/(A \cdot s^3)$
Raumladungsdichte	ρ	C/m^3	$A \cdot s/m^3$
Spannung	U	V	$kg \cdot m^2/(A \cdot s^3)$
Strom	I	A	
Stromdichte	J	A/m^2	
Verschiebung	D	C/m^2	$A \cdot s/m^2$
Widerstand	R	Ω	$V/A = kg \cdot m^2/(A^2 \cdot s^3)$
Elektrizitätsmenge (Ladung)	Q	C	$A \cdot s$
Elektromotorische Kraft (EMK)	E	V	$kg \cdot m^2/(A \cdot s^3)$
Flächenladungsdichte	σ	C/m^2	$A \cdot s/m^2$
Gegenseitige Induktion	M	H	$kg \cdot m^2/(A^2 \cdot s^2)$
Impedanz	Z	Ω	$kg \cdot m^2/(A^2 \cdot s^3)$
Induktion	L	H	$kg \cdot m^2/(A^2 \cdot s^2)$
Kapazität	C	F	$C/V = A^2 \cdot s^4/(kg \cdot m^2)$
Kopplungsfaktor	k	–	
Leitfähigkeit	γ, σ	S/m	$A^2 \cdot s^3/(kg \cdot m^3)$
Leitwert	G	S	$A^2 \cdot s^3/(kg \cdot m^2)$
Magnetisch			
Dipolmoment	j	$Wb \cdot m$	$kg \cdot m^3/(A \cdot s^2)$
Energie	W	J	$W \cdot s = kg \cdot m^2/s^2$
Feldstärke	H	A/m	
Fluss	Φ	Wb	$V \cdot s = kg \cdot m^2/(A \cdot s^2)$
Flussdichte	B	T	$Wb/m^2 = kg/(A \cdot s^2)$
Leitwert	Λ	H	$kg \cdot m^2/(A^2 \cdot s^2)$
Moment	m	$A \cdot m^2$	
Polarisation	J	T	$kg/(A \cdot s^2)$

Tab. 2.6 (Fortsetzung)

Größe	Symbol	Einheit	Ableitung
Quellenspannung (MMK)	U_m	V	
Spannung	U	A	
Vektorpotential	A	Wb/m	$kg \cdot m/(A \cdot s^2)$
Widerstand	R_m	H^{-1}	$A^2 \cdot s^2/(kg \cdot m^2)$
Magnetisierung	M	A/m	
Magnetomotorische Kraft (MMK)	U_m	A	
Momentane elektrische Spannung	u	V	$kg \cdot m^2/(A \cdot s^3)$
Momentaner elektrischer Strom	i	A	
Permeabilität	μ	H/m	$kg \cdot m/(A^2 \cdot s^2)$
Permittivität	ε	F/m	$A^2 \cdot s^4/(kg \cdot m^3)$
Pointing Vektor	S	W/m^2	kg/s^3
Reaktanz	X	Ω	$kg \cdot m^2/(A^2 \cdot s^3)$
Relative Permeabilität	μ_r	–	
Relative Permittivität	ε_r	–	
Reluktanz	R_m	H^{-1}	$A^2 \cdot s^2/(kg \cdot m^2)$
Scheinleistung	S	VA	$kg \cdot m^2/s^3$
Sebstinduktion	L	H	$kg \cdot m^2/(A^2 \cdot s^2)$
Spezifischer Widerstand	ρ	$\Omega \cdot m$	$kg \cdot m^3/(A^2 \cdot s^3)$
Streuungsfaktor	σ	–	
Suszeptanz	B	S	$A^2 \cdot s^3/(kg \cdot m^2)$
Umströmung, Oberflächenstromdichte	A	A/m	
Verlustfaktor	d	–	
Verlustwinkel	δ	rad	
Wirksame elektrische Leistung	P	W	$kg \cdot m^2/s^3$

Tab. 2.7 Wärme und Thermodynamik

Größe	Symbol	Einheit	Ableitung
Absolute Temperatur	T	K	
Ausdehnungskoeffizient (linear)	α, λ	K^{-1}	
Ausdehnungskoeffizient (räumlich)	γ, α_v	K^{-1}	
Enthalpie	H	J	$kg \cdot m^2/s^2$
Entropie	S	J/K	$kg \cdot m^2/(s^2 \cdot K)$
Freie Energie	F	J	$kg \cdot m^2/s^2$
Freie Enthalpie	G	J	$kg \cdot m^2/s^2$
Innere Energie	U	J	$kg \cdot m^2/s^2$

Tab. 2.7 (Fortsetzung)

Größe	Symbol	Einheit	Ableitung
Spezifische			
Enthalpie	h	J/kg	m^2/s^2
Entropie	s	$J/(kg \cdot K)$	$m^2/(s^2 \cdot K)$
Freie Energie	f	J/kg	m^2/s^2
Freie Enthalpie	g	J/kg	m^2/s^2
Innere Energie	u	J/kg	m^2/s^2
Übergangsenergie	l	J/kg	m^2/s^2
Wärmekapazität	c	$J/(kg \cdot K)$	$m^2/(s^2 \cdot K)$
Temperatur Celsius	t, θ	°C	1°C = 1 K
Thermische Leistung	P	W	$J/s = kg \cdot m^2/s^3$
Übergangsenergie	L	J	$kg \cdot m^2/s^2$
Wärme			
Durchgangskoeffizient	K	$W/(m^2 \cdot K)$	$kg/(K \cdot s^3)$
Isolationskoeffizient	M	$K \cdot m^2/W$	$K \cdot s^3/kg$
Kapazität	C	J/K	$kg \cdot m^2/(K \cdot s^2)$
Leitung	G	W/K	$kg\, m^2/(K \cdot s^3)$
Leitungskoeffizient	λ	$W/(m \cdot K)$	$kg\, m/(K \cdot s^3)$
Strom	Q, Φ	W	$kg \cdot m^2/s^3$
Stromdichte	q	W/m^2	kg/s^3
Übertragungskoeffizient	α, h	$W/(m^2 \cdot K)$	$kg/K \cdot s^3$
Widerstand	R, R_w, θ	K/W	$K \cdot s^3/(kg \cdot m^2)$
Wärmemenge	Q	J	$kg \cdot m^2/s^2$
Widerstandstemperaturkoeffizient	α	K^{-1}	

Tab. 2.8 Chemischer Stoff und Materie

Größe	Symbol[a]	Einheit	Ableitung
Anzahl elementarer Teilchen	N	–	
Atomgewicht	A	–	
Chemisches Potenzial	μ_B	J/kmol	$kg \cdot m^2/(kmol \cdot s^2)$
Dichte	ρ_B	kg/m^3	
Diffusionskoeffizient	D	m^2/s	
Dissoziationsgrad	α	–	
Ionenstärke	I	kmol/kg	
Massenanteil	w_B	–	
Molare			
Anteil	x_B	–	
Konzentration	c_B	$kmol/m^3$	
Masse	M	kg/kmol	

Tab. 2.8 (Fortsetzung)

Größe	Symbol[a]	Einheit	Ableitung
Volumen	V_m	$m^3/kmol$	
Molarität	m_B	kmol/kg	
Molekulargewicht	M	–	
Moleküldichte	n	m^{-3}	
Molekülkonzentration	C_B	m^{-3}	
Ordnungszahl	Z	–	
Osmotischer Druck	Π	Pa	$kg/(m \cdot s^2)$
Relative Atommasse	A_r	–	
Relative Molekülmasse	M_r	–	
Stoffmenge	n	kmol	
Teilchendichte	n	m^{-3}	
Thermischer Diffusionskoeffizient	D_T	m^2/s	

[a] Index *B* gibt an: Von Komponente *B*

Tab. 2.9 Elektromagnetische Strahlung und Licht

Größe	Symbol	Einheit	Ableitung
Beleuchtungsstärke	E	lx	$cd \cdot sr/m^2$
Belichtung	H	$lx \cdot s$	$cd \cdot sr \cdot s/m^2$
Bestrahlungsstärke[a]	E, E_e	W/m^2	kg/s^3
Brechungsindex	n	–	
Emission (Licht)	M	lm/m^2	$cd \cdot sr/m^2$
Leuchtdichte	L	cd/m^2	
Lichtgeschwindigkeit (im Vakuum)	$c\ (c_v)$	m/s	
Lichtmenge	Q	$lm \cdot s$	$cd \cdot sr \cdot s$
Lichtstärke	I	cd	
Lichtstrom	Φ	lm	$cd \cdot sr$
Spektraler Absorptionsgrad[b]	$\alpha(\lambda)$	–	
Spektraler Absorptionskoeffizient[b]	$a(\lambda)$	m^{-1}	
Spektraler Emissionsgrad[b]	$\varepsilon(\lambda)$	–	
Spektraler Reflexionsgrad[b]	$\rho(\lambda)$	–	
Spektraler Schwächungskoeffzient[b]	$\mu(\lambda)$	m^{-1}	
Spektraler Transmissionsgrad[b]	$\tau(\lambda)$	–	
Strahlung[a]	L, L_e	$W/(m^2 \cdot sr)$	$kg/(s^3 \cdot sr)$
Strahlungs[a]			
Emission	M, M_e	W/m^2	kg/s^3
Energie	Q, Q_e, W	J	$kg \cdot m^2/s^2$
Energiedichte	w	J/m^3	$kg/(m \cdot s^2)$
Fluss	Φ, Φ_e	W	$kg \cdot m^2/s^3$

Tab. 2.9 (Fortsetzung)

Größe	Symbol	Einheit	Ableitung
Flussdichte	φ	W/m^2	kg/s^3
Intensität (Stärke)	I, I_e	W/sr	$kg \cdot m^2/(s^3 \cdot sr)$
Wellenlänge	λ	m	

[a] Mit dem Index λ werden die Symbole der Größen E_e, I_e, L_e, M_e, Q_e, w und Φ_e charakterisiert, wenn sie für einen kleinen Spektralbereich $d\lambda$ gelten. Zur Einheit und zur Ableitung wird dann ein Faktor m^{-1} hinzugefügt

[b] Größen, die eine Funktion von λ sind, werden mit (λ) gekennzeichnet, z. B. ε (λ)

Tab. 2.10 Akustik

Größe	Symbol	Einheit	Ableitung
Akustische Impedanz	Z_a	$Pa \cdot s/m^3$	$kg/(m^4 \cdot s)$
Akustische Leistung	P	W	$kg \cdot m^2/s^3$
Leistungspegel	L_P, L_W	(dB)	
Mechanische Impedanz	Z_m	$N \cdot s/m$	kg/s
Momentane Teilchengeschwindigkeit	u, v	m/s	
Momentaner Schalldruck	p	Pa	$kg/(m \cdot s^2)$
Schalldruckpegel	L_p	(dB)	
Schallenergiedichte	E	J/m^3	$kg/(m \cdot s^2)$
Schallgeschwindigkeit	c	m/s	
Schallintensität	I	W/m^2	kg/s^3
Schallintensitätspegel	L_I	(dB)	
Spezifische akustische Impedanz	Z_s	$Pa \cdot s/m$	$kg/(m^2 \cdot s)$
Statischer Druck	p_s	Pa	$kg/(m \cdot s^2)$

Tab. 2.11 Atomare und molekulare Werte

Größe	Symbol	Einheit	Ableitung
Absorbierte Dosis	D	Gy	m^2/s^2
Aktivität	A	Bq	s^{-1}
Dosisäquivalent	H	Sv	m^2/s^2
Dosisrate	$\dot{D}$	Gy/s	m^2/s^3
Exposition	X	C/kg	$A \cdot s/kg$
Expositionsrate	$\dot{X}$	$C/(kg \cdot s)$	A/kg
Halbwertszeit	$T_{1/2}$	s	
Kernzahl	A	–	
Neutronenzahl	N	–	
Protonenzahl (Ordnungszahl)	Z	–	
Spezifische Aktivität	a	Bq/kg	$(s \cdot kg)^{-1}$
Zerfallskonstante	λ	s^{-1}	

2.5 Einheiten außerhalb von SI

Tabelle 2.12 führt die nicht zu den SI-Einheiten gehörenden Einheiten auf. Die meisten dürfen offiziell nicht mehr gebraucht werden (mit einem Kreuzchen versehen). Dieses sind sogenannte alte Einheiten. Die Tabelle gibt ferner die Ableitung der erwähnten Einheiten nach SI-Einheiten an (Tab. 2.12, 2.13 und 2.14).

Tab. 2.12 Einheiten außerhalb von SI

Einheit	[a]	Symbol	Ableitung[b]
Ampere-Stunde	x		$= 3{,}6 \times 10^3$ C
Angström	x	*A Ah*	$:= 10^{-10}$m $= 0{,}1$ nm
Apostilb	x	*asb*	$:= (1/\pi)$cd/m^2
Ar		*a*	$:= 100$ m^2
Astronomische Einheit		*AE*	$:= 149{,}6 \times 10^9$ m
Atmosphäre (physik., 760 mm Hg)	x	*atm*	$:= 101325$ Pa
Atmosphäre (technisch, kp/cm^2)	x	*at*	$= 98066{,}5$ Pa
Bar		*bar*	$:= 10^5$ Pa
Biot	x	*Bi*	$:= 10$ A
Kalorie (international)	x	*cal*	$:= 4{,}1868$ J
Kalorie, thermochemisch	x	cal_{thch}	$:= 4{,}184$ J
Curie	x	*Ci*	$:= 37 \times 10^9$ Bq
Denier (= 1/9 tex)	x	*den (Td)*	$:= 1/9 \times 10^{-6}$ kg/m
Dioptrie		*dpt (δ)*	$:= 1$ m^{-1}
Dyn (= g·cm/s^2)	x	*dyn*	$:= 10^{-5}$ N
Elektronenvolt		*eV*	$\approx 0{,}1602177 \times 10^{-18}$ J
Erg (= dyn·cm)	x	*erg*	$= 10^{-7}$ J
Fermi	x	*fm*	$:= 10^{-15}$ m
Gal (= cm/s^2)	x	*Gal*	$:= 10^{-2}$ N/kg
Gamma	x	*γ*	$:= 10^{-9}$ T
Gauss	x	*Gs*	$:= 10^{-4}$ T
Geografische Meile	x		$\approx 7409{,}10$ m
Gilbert	x	*Gb*	$:= 10/(4\pi) \approx 0{,}795775$ A
Grad (dezimal)		*Gon (…^{g})*	$:= \pi/200$ rad $\approx 15{,}7080$ mrad
Grad (Winkel)		*(…°)*	$:= \pi/180$ rad $\approx 17{,}4533$ mrad
Grammatom	x	*grat*	= mol Atome
Grammmolekül	x	*gmol*	= mol Moleküle
Jahr (365 Tage)		*j*	$= 31{,}536 \times 10^6$ s
Jahr (tropisch)		*a*	$\approx 365{,}2422$ d $\approx 31{,}5569 \times 10^6$ s
Karat (metrisch)		*Kt, ct*	$:= 0{,}2 \cdot 10^{-3}$ kg[c]
Kilometer pro Stunde		*km/h*	$\approx 0{,}277778$ m/s
Kilopond	x	*kp*	$:= 9{,}80665$ N
Kilowattstunde		*kWh*	$:= 3{,}6 \times 10^6$ J

Tab. 2.12 (Fortsetzung)

Einheit	[a]	Symbol	Ableitung[b]
Knoten (Seemeilen/ Stunde)		*kn*	$\approx 0{,}514444$ m/s
Lambert	x	*L*	$:= 10^4/\pi$ cd/m^2
Lichtjahr	x	*ly*	$\approx 9{,}46053 \times 10^{15}$m
Liter		*L (l)*	$:= 10^{-3}$ m^3
Maxwell	x	*Mx*	$:= 10^{-8}$ Wb
Meile	x		≈ 7500 m
Meter Wassersäule	x	mH_2O	$:= 9{,}80665$ kPa
Mikron	x	μ	$= 10^{-6}$ m
Millimeter Quecksilbersäule	d	*mm Hg*	$\approx 133{,}322$ Pa
Minute (Winkel)		…’	$\approx 0{,}290888$ mrad
Minute (Zeit)		*min*	$:= 60$ s
Nit	x	*nit*	$:= 1$ cd/m^2
Oersted	x	*Oe*	$:= 10^3/(4\pi) \approx 79{,}5775$ A/m
Oktave		*oct*	$:= \log_2 (f_2/f_1)$
Pferdestärke	x	*PS*	$\approx 735{,}499$ W
Pferdestärkestunde	x	*PSh*	$\approx 2{,}6478 \times 10^6$ J
Parsec		*pc*	$\approx 30{,}8572 \times 10^{15}$ m
Phot	x	*ph*	$:= 10^4$ lx
Poise (= dyn·s/cm^2)	x	*P*	$:= 0{,}1$ Pa · s
Poiseuille	x	*Pl*	$:= 1$ Pa · s
Pond	x	*p*	$:= 9{,}80665 \times 10^{-3}$ N
Rad (Strahlungsdosis)	x	*rd*	$:= 10^{-2}$ Gy
Registertonne (= 100 ft^3)			$\approx 2{,}83168$ m^3
Rem (Vergleichsdosis)	x	*rem*	$:= 10^{-2}$ Sv
Röntgen	x	*R*	$\approx 258 \times 10^{-6}$ C/kg
Seemeile (international)		*(nmile)*	$:= 1852$ m[e]
Sekunde (Winkel)		…”	$\approx 4{,}84184 \times 10^{-6}$ rad
Stilb	x	*sb*	$:= 10^4$ cd/m^2
Stokes	x	*St*	$:= 10^{-4}$ m^2/s
Stunde		*h*	$:= 3600$ s
Tag (24 h)		*d*	$:= 86{,}4 \times 10^3$ s
Technische Masseeinheit	x	*TME*	$:= 9{,}80665$ kg
Tex		*tex*	$:= 10^{-6}$ kg/m
Tonne		*t*	$:= 10^3$ kg
Torr (mm Quecksilberdruck)	x	*torr*	$\approx 133{,}322$ Pa
Umdrehungen pro Minute		*Umdr/min*	$\approx 0{,}104720$ rad/s

[a] x bedeutet: offizieller Gebrauch nicht zugelassen
[b] := bedeutet: per Definition gleich
[c] für Edelmetalle ist das *Karat* ein Maß für die Reinheit. Reines Gold ist 24 Karat Gold
[d] allein zugelassen für Druck von Körperflüssigkeit (Blut)
[e] ist gleich einer Bogenminute auf der Erdoberfläche

Tab. 2.13 Überblick der am häufigsten vorkommenden englischen (UK) und amerikanischen (US) Einheiten (es wird empfohlen, diese nicht mehr anzuwenden)

Einheit	Symbol	Ableitung
Länge		
mil (= 0,001 in)	*mil*	$25{,}4 \times 10^{-6}$ m
inch	*in*	$:= 25{,}4 \times 10^{-3}$ m
foot (= 12 in)	*ft*	= 0,3048 m
yard (= 3 ft)	*yd*	= 0,9144 m
fathom (= 6 ft)	*fath*	= 1.8288 m
furlong (= 220 yd)	*fur*	= 201,168 m
statute mile (= 1760 yd)	*mi*	= 1609,344 m
Oberfläche		
acre	*acre*	$\approx 4046{,}86$ m^2
circular inch	*cir in*	$\approx 0{,}506707 \times 10^{-3}$ m^2
Inhalt (UK)		
fluid ounce	*fl oz*	$\approx 28{,}4131 \times 10^{-6}$ m^3
pint (= 20 fl oz)	*pt*	$\approx 568{,}261 \times 10^{-6}$ m^3
quart (= 2 pt)	*qt*	$\approx 1{,}13652 \times 10^{-3}$ m^3
gallon (= 4 qt)	*(UK)gal*	$= 4{,}54609 \times 10^{-3}$ m^3
bushel (= 8 gal)	*bu*	$\approx 36{,}3687 \times 10^{-3}$ m^3
quarter (= 8 bu)	*qr*	$\approx 0{,}290950$ m^3
Inhalt (US, für Flüssigkeiten)		
fluid ounce	*fl oz*	$\approx 29{,}5735 \times 10^{-6}$ m^3
liquid pint (= 16 fl oz)	*liq pt*	$\approx 0{,}473176 \times 10^{-3}$ m^3
liquid quart (= 2 liq pt)	*liq qt*	$\approx 0{,}946353 \times 10^{-3}$ m^3
gallon (= 4 liq qt)	*(US)gal*	$= 3{,}78541 \times 10^{-3}$ m^3
barrel (= 42 gal)	*bbl*	$\approx 0{,}158987$ m^3
Inhalt (US, für Feststoffe)		
dry pint	*dry pt*	$\approx 0{,}550610 \times 10^{-3}$ m^3
dry quart (= 2 dry pt)	*dry qt*	$\approx 1{,}10122 \times 10^{-3}$ m^3
gallon (= 4 dry qt)	*dry gal*	$\approx 4{,}40488 \times 10^{-3}$ m^3
peck (= 2 dry gal)	*pk*	$\approx 8{,}80977 \times 10^{-3}$ m^3
bushel (= 4 peck)	*bu*	$= 35{,}2391 \times 10^{-3}$ m^3
dry barrel (= 7056 in^3)	*dry bbl*	$\approx 0{,}115627$ m^3
Masse		
ounce (UK, US) (= 1/16 lb)	*oz*	$\approx 28{,}3495 \times 10^{-3}$ kg
pound (UK, US)	*lb*	= 0,45359237 kg
stone (UK, US) (= 14 lb)	*st*	$\approx 6{,}35029$ kg
quarter (UK, US) (= 28 lb)	*qr*	$\approx 12{,}7006$ kg
hundredweight (US) (= 100 lb)	*sh cwt*	$\approx 45{,}3592$ kg
hundredweight (UK) (= 112 lb)	*(UK) cwt*	$\approx 50{,}8023$ kg
US ton = short ton (= 2000 lb)	*US ton*	$\approx 907{,}185$ kg
UK ton = long ton (= 2240 lb)	*UK ton*	$\approx 1{,}01605 \times 10^{-3}$ kg

Tab. 2.13 (Fortsetzung)

Einheit	Symbol	Ableitung
Kraft, Arbeit, Leistung, Druck		
poundal	*pdl*	≈ 0,138255 N
pound (Kraft)	*lbf*	≈ 4,44822 N
horsepower (= 550 ft · lbf/s)	*hp*	≈ 745,699 W
british thermal unit		
(= 1 kcal·lb·°F/(kg · K))	*Btu*	≈ 1055,06 J
pound per sq. inch	*psi*	≈ 6894,76 Pa
Sonstige		
mil = strich	*mil*	= 2π/6400 rad ≈ 0,981748 mrad
foot candle	*fc*	≈ 10,764 lux
foot lambert	*fL*	≈ 3,4263 cd/m^2
cycle per second	*c/s*	= 1 Hz
revolutions per minute	*rpm*	= 1/60 s^{-1} = 16,6667 × 10^{-3} Hz
mho	*mho*	= 1/Ω = S
Fahrenheit	*°F*	T(K) = 5/9[t(°F) + 459,67]

Tab. 2.14 Noch vorkommende, veraltete Einheiten der Viskosität

Grad Engler °E	Sec Redwood I	Sec Redwood II	Sec Saybolt	Ableitung m^2/s
1,0	27	–	28	$1{,}0 \cdot 10^{-6}$
5,0	154	17	181	$37{,}3 \cdot 10^{-6}$
10,0	311	32	365	$77 \cdot 10^{-6}$
15	466	47	548	$114 \cdot 10^{-6}$
20	621	62	730	$152 \cdot 10^{-6}$
25	776	78	910	$190 \cdot 10^{-6}$

2.6 Berechnung der Ableitungsfaktoren

Ableitungsfaktoren treten auf:

1. Beim Übergang von zusammengesetzten (alten) Einheiten zu anderen Einheiten (z. B. SI).
2. Wenn in einer Formel Größen auftreten, die in anderen als den gewünschten Einheiten ausgedrückt sind.

Die Berechnung wird mit Hilfe der Substitutionsmethode durchgeführt: Jede einzelne zu ersetzende Einheit wird in die entsprechende Größenordnung der gewünschten Einheit substituiert. Beispiele:

1.
$$1\frac{\mathrm{Btu}}{\mathrm{ft}^2\cdot \mathrm{h}}=\frac{1055{,}06\,\mathrm{J}}{(0{,}3048\,\mathrm{m})^2\cdot 3600\,\mathrm{s}}$$
$$=3{,}15460\frac{\mathrm{J}}{\mathrm{m}^2\cdot \mathrm{s}}=3{,}15460\ \mathrm{W/m}^2$$

2. $R=\frac{\rho\cdot l}{A}$, wobei: ρ in Ω m, A in m2, R in Ω.

Gegeben: ρ in μΩ cm, l in cm, d in mm $\left(A=\frac{\pi}{4}d^2\right)$

Gesucht: R, ausgedrückt in mΩ.

Die entstandene Formel: $R=k\frac{\rho\cdot l}{d^2}$, wo k zu berechnen ist.

$$k=\frac{r\cdot d^2}{\rho\cdot l}=\frac{\frac{R}{m\Omega}\cdot\frac{4}{\pi}\frac{A}{mm^2}}{\frac{\rho}{\mu\Omega\cdot cm}\cdot\frac{l}{cm}}=\frac{\frac{R}{10^{-3}\Omega}\cdot\frac{4}{\pi}\frac{A}{10^{-6}m^2}}{\frac{\rho}{10^{-8}\Omega m}\cdot\frac{l}{10^{-2}m}},$$

$$=\frac{4}{\pi}\cdot\frac{10^{-10}}{10^{-9}}\frac{\frac{R}{\Omega}\cdot\frac{A}{m^2}}{\frac{\rho}{\Omega m}\cdot\frac{l}{m}}=\frac{4}{\pi}\cdot\frac{10^{-10}}{10^{-9}}=\frac{0,4}{\pi}.$$

2.7 Bezeichnung der dezimalen Vielfachen (SI) (Tab. 2.15)

Tab. 2.15 Bezeichnung der dezimalen Vielfachen nach SI

Vorsatz	Vorsatzzeichen	Faktor	Vorsatz	Vorsatzzeichen	Faktor
Yotta	Y	10^{24}	Dezi	d	10^{-1}
Zetta	Z	10^{21}	Zenti	c	10^{-2}
Exa	E	10^{18}	Milli	m	10^{-3}
Peta	P	10^{15}	Mikro	μ	10^{-6}
Tera	T	10^{12}	Nano	n	10^{-9}
Giga	G	10^{9}	Piko	p	10^{-12}
Mega	M	10^{6}	Femto	f	10^{-15}
Kilo	k	10^{3}	Atto	a	10^{-18}
Hekto	h	10^{2}	Zepto	z	10^{-21}
Deka	da	10^{1}	Yokto	y	10^{-24}

Anmerkungen:

- Es wird empfohlen, die Vorsätze *Hekto, Deka, Dezi und Zenti* möglichst zu vermeiden.
- Das Vorsatzzeichen eines Vielfachen bildet ein Ganzes mit dem Symbol der Einheit, dem es zugefügt wurde.
- Kombinieren der Vorsatzzeichen ist nicht zulässig.

2.8 SI-Symbole (alphabetisch) mit Bezeichnung (Tab. 2.16)

Tab. 2.16 SI-Symbole (alphabetisch) mit Bezeichnung (Abschnitte 2.1 bis 2.4 geben mehr Details)

Symbol	Bezeichnung
A	Aktivität
	Arbeit
	(lineare) Umströmung
	Oberflächenstromdichte
	Magnetisches Vektorpotenzial
	Nukleonenzahl
	Oberfläche
	Freie Energie
A_r	Relative Atommasse
	(eines Elements)
a	Spezifische freie Energie
	Temperaturausgleichskoeffizient
	Beschleunigung
$a(\lambda)$	(spektraler) Absorptionskoeffizient
B	(magnetische) Induktion
	Magnetische Flussdichte
	Blindleitwert
B_i	Magnetische Polarisation
b	Breite
	Impulsmoment
C	Kapazität
	Wärmekapazität
C_B	Molekülkonzentration
	Der Komponente B
c	Schallgeschwindigkeit
	Geschwindigkeit

Tab. 2.16 (Fortsetzung)

Symbol	Bezeichnung
	Spezifische Wärme- (kapazität)
	Fedrigkeit
c_B	Molare Konzentration der
	Komponente B
c_p	Spezifische Wärme bei
	Konstantem Druck
c_V	Spezifische Wärme bei
	Konstantem Volumen
c_0	Lichtgeschwindigkeit im Vakuum
c_1	Erste Strahlungskonstante
c_2	Zweite Strahlungskonstante
D	Diffusionskoeffizient
	Drehimpuls
	Elektrische Verschiebung,
	Elektrische Flussdichte
	Absorbierte Dosis
$\dot{D}$	Dosisrate
D_i	Elektrische Polarisation
D_T	Thermodiffusionskoeffizient
d	Dicke
	Mittellinie
	Relative (Massen-) Dichte
	Verlustfaktor
E	Bestrahlungsstärke, Einstrahlung, flächig empfangener Strahlungsenergiestrom
	Elastizitätsmodul
	Elektrische Feldstärke
	Elektromotorische Kraft
	Energie
	(Schall-) Energiedichte
	Innere Energie
	Beleuchtungsstärke
E_e	Bestrahlungsstärke, Einstrahlung, flächig empfangener Strahlungsenergiestrom
E_k	Kinetische Energie
E_p	Potentielle Energie
E_v	Beleuchtungsstärke
e	Elementarladung

Tab. 2.16 (Fortsetzung)

Symbol	Bezeichnung
F	Faraday Konstante
	Kraft
	Umfassender Strom, magnetomotorische Kraft
	Freie Energie
Fo	Kenngröße von Fourier
Fr	Kenngröße von Froud
F_m	Umfassender Strom, magnetomotorische Kraft
f	Frequenz
	Spezifische freie Energie
	Reibungskoeffizient
G	Gleitmodul
	Leitung, Leitfähigkeit
	Gravitationskonstante
	Gewicht
	Freie Enthalpie
	Wärmeleitung
Gr	Kenngröße von Grashof
g	spezifische freie Enthalpie
	Beschleunigung beim freienFall
	Schwerefeldstärke
g_n	standardisierte Schwerefeldstärke
H	Belichtung
	Enthalpie
	Magnetische Feldstärke
h	Konstante von Planck
	Höhe
	Spezifische Enthalpie
	Wärmeübertragungskoeffizient
$\hbar$	Konstante von Dirac
I	Quadratisches Oberflächenmoment
	(elektrischer) Strom
	Enthalpie
	Schallintensität
	Ionenstärke
	Lichtstärke
	(Massen-) Trägheitsmoment
	Stoß, Impuls
	Strahlungstärke

Tab. 2.16 (Fortsetzung)

Symbol	Bezeichnung
	Strahlungsintensität
	Strahlungsenergiestrom pro Raumwinkel
I_e	Strahlungstärke
	Strahlungsintensität
	Strahlungsenergiestrom pro Raumwinkel
I_v	Lichtstärke
J	magnetische Polarisation
	(Massen-) Trägheitsmoment
	Stromdichte
j	Magnetisches Dipolmoment
K	Kompressionsmodul
	Kerbschlagwert
	Wärmedurchgangskoeffizient
k	Kreiswiederholung
	Konstante von Boltzmann
	Koppelfaktor
	Federsteifigkeit
L	Schalldruckniveau
	Schalldruckpegel
	Impulsmoment
	Leuchtdichte
	Übergangsenergie,
	Übergangswärme
	Strahlung
	Selbstinduktion, (elektrische) Induktion
$\dot{L}$	Impulsmomentstrom
L_A	Differenz im Amplitudenniveau
L_e	Strahlung
L_P	Differenz im Leistungsniveau
L_p	Schalldruckniveau
	Schalldruckpegel
L_v	Leuchtdichte
L_W	Leistungsniveau
	Leistungspegel
l	Länge
	Spezifische Übergangsenergie
M	(Licht-) Emission
	Magnetisierung

Tab. 2.16 (Fortsetzung)

Symbol	Bezeichnung
	Molare Masse
	Moment einer Kraft
	Strahlungsemission
	Wärmeisolationskoeffizient
	Gegenseitige Induktion
Ma	Kenngröße von Mach
M_e	Strahlungsemission
M_r	Relative Molekülmasse (eines Stoffes)
M_v	(Licht-) Emission
m	(elektro-)magnetisches Moment
	Masse
$\dot{m}$	Massestrom
m_B	Molarität der Komponente B in Lösung
m_e	Ruhemasse eines Elektrons
m_n	Ruhemasse eines Neutrons
m_p	Ruhemasse eines Protons
m_u	Atommassenkonstante
N	Anzahl von Teilchen, z. B. Moleküle
	Neutronenzahl
Nu	Kenngröße von Nusselt
NA	Konstante von Avogadro
n	Brechungsindex
	Teilchendichte, Anzahl im Volumen
	Stoffmenge
	Moleküldichte, Teilchendichte
	Drehzahl
P	Aktive Leistung, wirksame Leistung
	Akustische Leistung
	Elektrische Polarisation
	Leistung, Energiestrom
Pq	Blindleistung
Pr	Kenngröße von Prandtl
p	Druck, Spannung
	Elektrisches Dipolmoment (eines Moleküls)
	Bewegungsmenge, Impuls (einer Masse), Moment
	Momentaner Schalldruck (Wechseldruck)
$\dot{p}$	Impulsstrom
ps	Statischer Druck, Gleichgewichtsdruck

Tab. 2.16 (Fortsetzung)

Symbol	Bezeichnung
Q	(elektrische) Ladung
	Lichtmenge
	Wärmemenge
	Qualitätsfaktor
	Blindleistung
	Strahlungsenergie
$\dot{Q}$	Wärmestrom
Q_e	Strahlungsenergie
Q_v	Lichtmenge
q	Wärmestromdichte
q_m	Massenstrom
q_V	Volumenstrom, (Volumen-) Ertrag
R	(elektrischer) Widerstand
	molare Gaskonstante
	Stärke, Belastungsgrenze, Reckgrenze
	Wärmewiderstand
Re	Kenngröße von Reynolds
R_m	Magnetischer Widerstand
r	Radius
S	Entropie
	Lineares Oberflächenmoment, statisches Moment
	Scheinleistung
	Vektor von Poynting
Sh	Kenngröße von Sherwood
s	Spezifische Entropie
	Weg (-länge)
T	Periode (-dauer), Schwingungszeit
	Temperatur
$T_{1/2}$	Halbwertszeit
t	Celsius-Temperatur
	Zeit
U	(elektrische) Spannung, (elektrische) Quellen-spannung, Potenzialunterschied
	Energie
	Innere Energie
	Magnetische Spannung, magnetische Quellenspannung, magnetischer Potenzialunterschied

Tab. 2.16 (Fortsetzung)

Symbol	Bezeichnung
U_m	Magnetische Spannung, magnetische Quellenspannung, magnetischer Potenzialunterschied
u	(akustische) momentane Teilchengeschwindigkeit
	Geschwindigkeit
	Spezifische innere Energie
V	(elektrisches) Potenzial
	(elektrische) Spannung, (elektrische) Quellenspan-nung, Potenzialunterschied
	Volumen, Inhalt
$\dot{V}$	Volumenstrom, (Volumen-) Ertrag
V_m	Molares Volumen
	Molares Volumen eines idealen Gases
v	(akustische) momentane Teilchendichte
	Geschwindigkeit
	Spezifisches Volumen
	Volumenstromdichte
W	Arbeit
	Energie
	Strahlungsenergie
	Widerstandsmoment
w	Energiedichte
	Geschwindigkeit
	Strahlungsenergiedichte
w_λ	Spektrale Strahlungsenergiedichte
X	Exposition
	Blindwiderstand
$\dot{X}$	Expositionsrate
x_B	Molarer Anteil der Komponente B
Y	Admittanz
Z	Atomzahl, Protonenzahl,
	Impedanz
Z_a	Akustische Impedanz
Z_m	Mechanische Impedanz
Z_s	Spezifische akustische Impedanz
z	Kompressibilitätsfaktor
α	Dissoziationsgrad
	Winkelbeschleunigung
	Linearer Ausdehnungskoeffizient

Tab. 2.16 (Fortsetzung)

Symbol	Bezeichnung
	Schwächungskoeffizient
	Wärmeübergangskoeffizient
$\alpha(\lambda)$	Spektraler Absorptionsfaktor
α_p	Relativer Spannungskoeffizient
α_v	Räumlicher Ausdehnungskoeffizient
$\alpha, \beta\ldots$	Winkel (kleine griechische Buchstaben nach Wahl)
β	Phasenkoeffizient
	relativer Spannungskoeffizient
Γ	Zirkulation, Wirbelstärke
γ	Verschiebung, Schiebewinkel
	Gravitationsfeldstärke
	Räumlicher Ausdehnungskoeffizient
	Oberflächenspannung
	Spezifische Leitung
	Verhältnis c_p/c_V
	Fortpflanzungskoeffizient
δ	Dämpfungskoeffizient
	Dicke
	Verlustwinkel
ε	Emissionsfaktor
	Permittivität, dielektrische Konstante
	Relative Dehnung, (relative) Querkontraktion
$\varepsilon(\lambda)$	Spektraler Emissionsfaktor
ε_r	Relative Permittivität
ε_0	Elektrische Konstante, Permittivität des Vakuums
ς	Widerstandskoeffizient
η	(dynamische) Viskosität
θ	Temperatur
ϑ	Relative Volumenvergrößerung
κ	Kompressibilität
	Wachstum
	Magnetische Suszeptibilität
Λ	Permeanz
Λ_m	Molare Leitung
λ	Arbeitsfaktor
	Wellenlänge
	Linearer Ausdehnungskoeffizient
	Mittlere freie Weglänge

Tab. 2.16 (Fortsetzung)

Symbol	Bezeichnung
	Wärmeleitungskoeffizient
	Widerstandskoeffizient für Rohre
μ	Permeabilität
	Poisson-Verhältnis
	Reibungskoeffizient
$\mu(\lambda)$	(linearer) (spektraler) Schwächungskoeffizient
μ_B	Chemisches Potenzial der Komponente B
μ_r	Relative Permeabilität
μ_0	Magnetische Konstante, Permeabilität des Vakuums
ν	Frequenz
	Kinetische Viskosität
	Poisson-Verhältnis
Π	Osmotischer Druck
ρ	(Massen-) Dichte, Volumenmasse, Masse pro Volumen
	Spezifischer Widerstand, Resistivität
	Volumenladung, (räumliche) Ladungsdichte
$\rho(\lambda)$	(spektraler) Reflexionsfaktor
ρ_A	Flächenmasse, Masse pro Oberfläche
ρ_B	(Massen-) Konzentration der Komponente B
ρ_l	Linienmasse, Masse pro Länge
σ	Konstante von Stefan-Boltzmann
	Normalspannung
	Oberflächenspannung
	Wiederholung
	Spezifische Leitung, Konduktivität
	Streuungskoeffizient, Leckfaktor
	Flächenladungsdichte
τ	Schubspannung
	Zeitkonstante
$\tau(\lambda)$	Spektraler Transmissionsfaktor
Φ	Fließfähigkeit
	Lichtfluss
	magnetischer Fluss
	Massenstromdichte
	Geschwindigkeitspotenzial, Potenzialfunktion
	Strahlungsfluss, Strahlungsenergiestrom
	Wärmestrom

Tab. 2.16 (Fortsetzung)

Symbol	Bezeichnung
Φ_e	Strahlungsfluss, Strahlungsenergiestrom
Φ_v	Lichtfluss
φ	(elektrisches) Potenzial
	Phasenunterschied, Phasenverschiebung
	Strahlungsflussdichte
χ, χ_e	Elektrische Suszeptibilität
χ_m	Magnetische Suszeptibilität
ψ	Elektrischer Fluss
Ω	Raumwinkel
ω	Kreisfrequenz, Pulsation
	Winkelgeschwindigkeit
	Raumwinkel

3 Römische Zahlen

I=1	VI=6	L=50
II=2	VII=7	C=100
III=3	VII=8	D=500
IV=4	IX=9	M=1000
V=5	X=10	

Für das Zusammensetzen einer Zahl gelten folgende Regeln

- Werterhöhung geschieht, indem man eine Ziffer (oder mehrere) mit gleichem oder geringerem Wert hinter die jeweilige Ziffer setzt.
- Wertminderung geschieht, indem man eine Ziffer mit geringerem Wert vor die jeweiligen Ziffer setzt.
- Beim weiteren Zusammensetzen nimmt der Wert der Ziffern oder Zifferkombinationen von links nach rechts ab.

Beispiele:

1692 MDCXCII
1989 MCMLXXXIX
2014 MMXIV

B. Schröder, *Einheiten und Symbole für Ingenieure*, essentials,
DOI 10.1007/978-3-658-05626-1_3, © Springer Fachmedien Wiesbaden 2014

Griechische Buchstaben 4

In Tab. 4.1 sind die griechischen Buchstaben alphabetisch aufgelistet und benannt.

Tab. 4.1 Zeichen der griechischen Buchstaben in Druckschrift und Kursiv

Druckschrift		Kursiv		Name
Große Buchstaben	Kleine Buchstaben	Große Buchstaben	Kleine Buchstaben	
Α	α	A	α	Alpha
Β	β	B	β	Beta
Γ	γ	$\mathit{\Gamma}$	γ	Gamma
Δ	δ	$\mathit{\Delta}$	δ	Delta
Ε	ε	E	ε	Epsilon
Ζ	ζ	Z	ζ	Zeta
Η	η	H	η	Eta
Θ	θ	$\mathit{\Theta}$	θ	Theta
Ι	ι	I	ι	Iota
Κ	κ	K	κ	Kappa
Λ	λ	$\mathit{\Lambda}$	λ	Lambda
Μ	μ	M	μ	My
Ν	ν	N	ν	Ny
Ξ	ξ	$\mathit{\Xi}$	ξ	Xi
Ο	ο	O	o	Omikron
Π	π	$\mathit{\Pi}$	π	Pi
Ρ	ρ	P	ρ	Rho
Σ	σ	$\mathit{\Sigma}$	σ	Sigma
Τ	τ	T	τ	Tau
Υ	υ	$\mathit{\Upsilon}$	υ	Ypsilon

B. Schröder, *Einheiten und Symbole für Ingenieure*, essentials,
DOI 10.1007/978-3-658-05626-1_4, © Springer Fachmedien Wiesbaden 2014

Tab. 4.1 (Fortsetzung)

Druckschrift		Kursiv		Name
Große Buchstaben	Kleine Buchstaben	Große Buchstaben	Kleine Buchstaben	
Φ	φ	Φ	φ	Phi
Χ	χ	X	χ	Chi
Ψ	ψ	Ψ	ψ	Psi
Ω	ω	Ω	ω	Omega

Was Sie aus diesem Essential mitnehmen können

- Schnelles Auffinden der SI-Symbole, deren Benennungen und Einheiten, allgemein und nach Themenbereichen geordnet
- Symbole außerhalb SI
- Römische Zahlen
- Griechische Buchstaben

B. Schröder, *Einheiten und Symbole für Ingenieure*, essentials,
DOI 10.1007/978-3-658-05626-1, © Springer Fachmedien Wiesbaden 2014

Literaturverzeichnis

Hering E, Schröder B (2013) Springer Ingenieurtabellen. Springer-Verlag, Berlin

B. Schröder, *Einheiten und Symbole für Ingenieure*, essentials,
DOI 10.1007/978-3-658-05626-1, © Springer Fachmedien Wiesbaden 2014